熊本地震

(株)情報閲覧研究所 代表取締役
工藤英幸 | 著

情報発信の
メディアサイトで
何を伝えたか

地震発生直後に竹田で地震関連の
情報発信を開始した
メディアサイトの立ち上げから
活動の記録。

はじめに

「この世界の未来の可能性を得る創造」
　株式会社 情報開発研究所の設立以来、この16文字をキャッチコピーとしている。
　「この世界」には、元々、国際的な意図は一切ない。弊社が所在する極度の過疎高齢化が進み、それに伴い、経済的な衰退が激しい地域を指している。
　そして、「極度の過疎高齢化が進んだ地域は、情報の過疎地域でもある。だからこそ、ITの力が必要になる」という仮説の元に「情報開発研究所」の名称を定めた。
　そういった地域は、日本の30年、40年後の姿をあらわしているとも言われ、この厳しい環境下で得ていく経験、スキルは、これからの日本に必要で、必ず役に立っていくものだという思想があった。
　衰退に比例して、貧困が進んでいる地域でもある。そして、昔から人が亡くなるような甚大な災害が多い。生まれ育つ中で、大災害を経験している。

　私が、東京からのUターンを決意する以前に、参加した会合で、心理テストが行われた。
　「あなたの寿命が、あと一週間だとしたら、何をしますか？」
　たまたま、私が指名されて、答えることになる。
　「今、やっている仕事の続きをやります」
　「それは珍しい。普通は旅行をするとか、やってみたかったことにチャレンジする回答が多いです。その仕事は、あなたにとって、天職です」と、返していただいた。
　しかし、この時の本題は、人生の最期を定めて、本当に望んでいるこ

とは何かを問い、仕事と生活の調和をスケジューリングしていく話の流れであった。質問した方からすると、残念な回答だったかもしれず、大変申し訳なく思っている。

　東京では、民間企業で中間管理職や経営に携わる仕事もしてきたが、基本的にはエンジニアとしてITに関わる仕事を行ってきた。また、ITソルジャーとしての自覚があった。
　ITソルジャーとは、蔑称であり、少なくとも、私の知る限りでは良い言葉では無い。
　それはプログラミングやWEBデザイン等の離職率の高いITに関わる職種で、難解で過酷な労働を行う、場合によっては、その会社で誰もやったことのない、世間的にも未知のことを習得し、成果を出していく人たちのことである。
　冷静に客観的に見て、そのITソルジャーをやってきた人間が、この過酷な環境下で起業し、一企業として、生き残れるかという興味もある。

　熊本地震発生直後という非常事態下では、より鮮明に弊社の在り方が凝縮されていた。
　この体当たりの実践を、本著で垣間見ていただき、皆様の役に立つことを、切に望む。

2016年10月
工藤　英幸

目次

はじめに ………………………………………………………… 2

第1章　非常事態の中、大災害と向き合う ……………………… 5

第2章　大規模な前震 …………………………………………… 11

第3章　地震関連情報の発信、連携 …………………………… 15

第4章　本震 ……………………………………………………… 23

第5章　地元目線での動画配信 ………………………………… 35

第6章　独自メディア開設に向けて …………………………… 81

第7章　天空の豊後竹田「岡城.com」オープン ……………… 87

第8章　エリアサイト開設 ……………………………………… 93

著者紹介 ………………………………………………… 99

第1章　非常事態の中、大災害と向き合う

●

～過去の被災経験もふまえて～

(株)情報開発研究所は、熊本県と大分県の県境にある大分県竹田市に所在する民間のIT企業。ホームページ製作やドローンでの空撮等を行っている。
　今回の熊本地震で、震源地にほど近い竹田市も大きく揺れた。

　昔から災害が多い地域であり、昭和57年（1982）、平成2年（1990）にも多数の死傷者が出る大災害（主に水害）に見舞われていた。
　昭和57年には、私（工藤英幸）は、当時6歳であったが、被災後に鍬（くわ）を持って復旧作業に当たった。

平成2年(1990)大水害の写真
写真右側の建物裏にある川が氾濫し、手前のバス窓部分に水が届いている

平成2年(1990)大水害の写真
写真手前部分が玉来川であるが増水したため、店舗の駐車場と玉来川の境が不明な状態。
川沿いにあった店舗の一階部分の高い位置まで水が届いている。

　そして、平成24年(2012)に「経験したことがない雨」と、気象庁が発表した九州北部豪雨が発生した時、(株)情報開発研究所は、設立登記

から1年がたち、いわゆる立ち上げ後に資金が不足する「起業後の死の谷」を迎えていた。

平成24年（2012）九州北部豪雨では近隣の橋が決壊
左側に流された橋桁が見える

　また、大分県竹田市は、高齢化率が日本一になるほどに極度の過疎高齢化が進み、経済的な衰退も激しいため、経営は苦境を極めた状態だった。
　しかし、どうせつぶれるなら、最後に良いことをやってみようと決意。
　閉鎖的な田舎であれば、どこにでもあることだが、起業して以来、業務への妨害を受けるようなこともあった。竹田では、そういったことは「足ひっぱり」と呼ばれる。本当に悲惨であったが、だからこそ、私も同じようになるのではなく、自分は良いことをやろうと決めた。
　また、その背景には、「経験したことがない雨」という発表と相反して、過去の被災経験があるからこそ、復旧活動に役立てるシステムが開発できるという確信があった。
　そして、竹田災害ボランティアセンターにて、日本全国から訪れた復旧活動を行う3000名を超すボランティアと、260の被災世帯の状況などの情報を統合整理するITシステムを開発し、復旧活動を支援。

一般に災害復旧を謳うシステムは数多くあるが、被災経験に基づいた実際に必要なシステム要件から構成されるこのシステムは、復旧活動を支援する上で稀有なものであった。

　平成26年（2014）に、ある九州北部豪雨災害に関する資料を閲覧した時に、資料の対象が地元竹田であるにも関わらず、当時、弊社や災害復旧に協力した関係機関の事柄が、一切記載されていなかった。また、日本全国から訪れた3000名を超すボランティアの方々に対して感謝するイベントが、検討段階で立ち消えになったと聞いた。

　これが意図されたものではないにせよ、なかったことにされてしまうのではないかと危惧していた。

　この時、開発したシステムを金額換算すると数百万円程度のものであった。それは、自発的なボランティアとして行ったことであった。しかし、災害復旧を行った後に、一年ほど自分の報酬を0円にして、経営難の中で、なんとかもちこたえてきただけに、非礼さを痛切に感じた。

　そこに、たまたま大分県内の多数のIT企業が参加する「おおいたITフェア2014」の講演依頼があった。災害復旧システムの件をなかったことにしないため、また、微力ながらも訪れたボランティアの方々に対して感謝の気持ちが表せるのではないかと思い参加した。また昨今の災害に関する注目の高さから、事前に新聞にて大きく報道された。

　そして、おおいたITフェア2014にて行われた16講演の中で動員数1位となる。

　その後、たびたび、日本全国から問い合わせが来ており、今回の熊本地震発生後も、動向が注目されていた。

昭和 57 年(1982)豪雨大水害
・
平成 2 年(1990)豪雨大水害
・
・
・
・
平成 23 年(2011)
(株)情報開発研究所 設立登記

平成 24 年(2012)　九州北部豪雨

平成 26 年(2014)
おおいた IT フェア 2014
・
平成 28 年(2016)　熊本地震

10　第1章　非常事態の中、大災害と向き合う

第2章　大規模な前震

　グラッグラッ　ガタガタッ ガタタタタタタタタタタタタタタタッ
　［緊急地震速報の報知音］チャランチャラン チャランチャラン
　ガタガタ グラッ　 グラッ　 ガタガタガタガタガタガタガタガタガタガタ
ガタッ
　ガタガタ ガタガタガタガタガタガッ　 グラッ ---

　緊急地震速報の報知音が、地震の揺れが始まった後に鳴った。
　これは震源地に近いことを意味する。

「地震が来ましたね。大丈夫ですか？」
「生きています」（スタッフ）

　ちょうど在宅で勤務していたスタッフと雑談をふまえながら、通常業務に関するメールをやりとりしていた。
　2016年4月14日（木）21時26分、熊本で最大震度7の地震が発生した。
　震度7を観測したのは、熊本県益城町。以降、余震が続く。大分県竹田市も強く揺れた。
　深夜であり、山間部の夜は街灯や店舗などが少なく、とても暗い。
　外の状況が、よくわからないままであり、不安は増した。
　都会と違って、インターネットのSNSで投稿している人たちも多くはなく、そこに出る反応は限られたものであった。

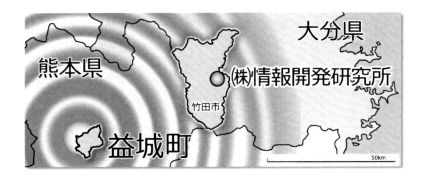

--グラッ　グラッ　ガタガタガタガタガタガタガタガタガタガタガタッ ガタガタ ガタガタガタガタガタガッ　グラッ --

　そして、揺れは続く。尋常ではない。
　それから、避難場所、夜間の当番医、電力会社による夜間の停電状況などのインターネット上で確認できるサイトを調べ続けた。
　地震が発生して3時間ほどたった15日の午前1時頃に、地震時に必要と思われるリンクなどをFacebookで配信し始めた。
　動物園からライオンが逃げ出したなどの怪情報は選別して除外。デマを投稿している人には、それを指摘する。関係各所と連絡を取り合う。

（ウーーー！）消防車のサイレンの音が聞こえる。熊本に急行しているそうだ。

第3章　地震関連情報の発信、連携

　午前2時頃に就寝し、通常通りに起床して出勤。

　朝になり、外の状況が鮮明に確認できるようになる。近隣で見渡す限りの範囲では、目立った被害はなかった。

　そして、翌日の16日から東京出張の予定であったが、飛行機の予約をキャンセルし、出張を中止する。

　4年前の九州北部豪雨の経験から、近隣で災害が起きると地域経済が一気に冷え込むことが予測された。

　かつて、高齢化率が日本一になった大分県竹田市では、極度の過疎高齢化に伴う経済的な衰退が進んでいる。もともと、経済的に厳しいその中で会社を経営しているが、さらに状況が厳しくなることを覚悟した。

　今回は、直接的に地元が被災したわけではないが、報道による風評被害は必ず大きくなる。

　天空の城である岡城や城下町、ハワイやニュージーランドのようだと称される壮大な久住高原、日本随一の泉質を誇る長湯温泉などに、観光に訪れる方々は激減する。

　弊社の通常のメイン業務である地域の民間企業・団体様のホームページ製作、保守管理は、情報発信を担う特性がある。大災害が発生した時は、その危険性から通常通り宣伝することはできない。

　また、新規の旅館や飲食店などからの弊社への発注も激減する。

　ひらたく言うと、もうかっていないのに、さらに、もうからなくなる。

しかし、その中で無為に過ごすことは、企業として座して死を待つだけのこと。

　弊社は、よく公的機関と誤解される。社名が漢字、立地として近くに公的機関が多いことが原因かもしれない。また、地域経済が衰退していると、公的な事業が目立つため、同様のものと思われているふしがある。
　しかし、実際は、一個人のお金で立ち上げた、しがない零細中小企業である。本来、大企業が行うような社会貢献ができるような金銭的な余裕は、まったくない。
　だが、本来行うべき経済活動がさえぎられるような状況が、たびたび発生する。
　複雑な思いの中、「それでは、やろうか」と、地震情報に関する取りまとめなどを弊社のサイトで始めた。業者だから、本来は注文があってから仕事をするが、非常事態のため、独自の判断で開始していた。IT企業の有益さを示して、今後、存続していくためにも必要なことだと強く信じた。

　10時45分（株）情報開発研究所のサイトで「熊本県熊本地方を震源とする地震関連情報」ページを立ち上げる。
　地震の震度、火山、津波、通信、電気、道路などの交通、ライブカメラ、被災地でやるべきこと、やってはいけないこと、聴覚障がい者が災害時に困ること、災害ボランティアのガイドライン、関連するニュースなど。
　それらを掲載するサイトへの様々なリンクを集めたページを製作。
　原始インターネットでは、文字をクリックすると、そのリンクされたサイトにアクセスできることが画期的であった。それまでの紙媒体とは違う次元で連結するデジタルデータの強みであったが、それは今も変わらない。非常事態には、それらは多発的に更新される。
　随時、リンクなどを追加することを開始し、アクセス数は通常の20倍

から30倍に増加していた。

　Facebookなどにて、弊社が熊本地震に関連する情報のページを立ち上げたことを告知するために投稿を行った。

　震源地である熊本県益城町出身、元「道の駅竹田」店長の平田泰浩さんからコメントがつく。

「地元の友達とラインで情報もらって、今動いているけど情報広げてもらえないかな」
（平田泰浩）
「ああ、いいよ。どんな内容？しかし、気をつけないと混乱を招くおそれもあるから、（第三者に見えない）メッセージで送って」

　現在、平田さんは、滋賀県にある「道の駅せせらぎの里こうら」、そして、東日本大震災に被災した宮城県の東松島地域活性化施設「はらっぱ」にて、兼任で働いている。
　2010年に、私が東京から大分県竹田市にUターンした頃は、就職先などの行き場がなかった。そこで、離れていた地域になじみ、何か役に立てることはないかと農村商社の立ち上げに参加した。その頃に、「道の駅すごう」のオープンや「道の駅竹田」のリニューアルオープンをともにし、一緒にTOSまつりでいなり寿司を販売するなどを行った熱い仲間の反応に感動する。
　思いもよらぬ形で、弊社と震源地が明確につながる契機になった。

熊本県益城町出身、元道の駅竹田店長の
平田泰浩さん
現在は、「道の駅せせらぎの里こうら」、
東松島地域活性化施設「はらっぱ」にて、
兼任で勤務。

　震源地との明確なつながりがあったとしても、何もしない方がトラブルも何も起きない。
　だが、無難に時が過ぎるのを待つことを選ばなかった。そして、実際に行うには、かなりの勇気が必要であり、細心の注意を払う必要もある。
　災害時にネット上で記事を投稿する場合は、いつの時点のことか、すぐにわかるように、タイトルに情報発信の日付と時刻の記載が必須となる。
　そして、このケースでは物資の受け入れが可能な2つの小学校の名称と地図を記載する。
　4月16日の雨に備えて、雨具やブルーシートが必要だったが、この時点では不足していた。また、乳幼児や高齢者用のオムツも不足。片方の

小学校では、食料が不足していることも明記した。

　注意事項として「非常事態となっていますので、充分に安全面に配慮し、被災地に迷惑をかけないように対応することが前提となります。混乱を招かないよう冷静な活動を心がけましょう」と、弊社スタッフが追記する。
　一刻も急ぐ必要があった。これが意味のあることだと信じて、問い合わせに関する内容を準備し、30分で即座に対応した。
　「熊本県益城町 現地からの情報　2016年4月15日13時現在」のページを公開し、Facebook、TwitterなどのSNSでも拡散させて。
　アクセス数が大幅に増える。

　把握が可能であれば、物資の必要数や有効な期限を記載した方が良かったが、この時点では、現地との連絡も簡単ではなく、そこまで確認することができなかった。
　しかし、非常事態下では、迅速な対応を行うことが必要。もし、誤りがあったとしても、素早く修正できる可能性がある。
　そして、弊社事務所にて、山梨県の方からの電話を受け付け、それを情報提供者である平田さんにつなぐ。調整の上、後日、大量の支援物資をお送りしていただいた。
　弊社は、明確に力添えすることに成功した。

第4章　本震

グラッグラッ　グラッグラッ　ガタタタタタタタタタタタタタタッ　グラッ
［緊急地震速報の報知音］チャランチャラン　チャランチャラン
グラッグラッ　ガタガタ　ガタガタガタガタガタガッ　グラッ ---

「また激しいですよね」
「母屋の家族の安否確認してました。無事でしたたたたたまだゆれる〜ううう」（スタッフ）

　直前の0時頃まで、スタッフとやりとりをしていたが、再びメールで安否確認を行った。

　4月16日（土）1時25分、震度7
　阪神大震災級のM7.3以降も強い余震が連続する。

　短期間で災害が頻発した場合は、そのダメージは積み重なり、波状的に被害が増す。
　例えば、半分壊れていた家が、完全に壊れてしまうなど、一回で済めば起こらなかったような事態が発生する。
　また深夜に発生したため、外の詳細な状況は、目視で確認することができない。

4月14日の被害がひどかった震源地付近は、さらに被害がひどくなっているのではないかと心配になる。そして、被害が微少であった竹田も、今度はどうなっているのか。
　今回は、大分県の由布、別府でも揺れがひどかったようだ。

　14日の地震直後は、14日が本震、以降の揺れは余震と考えられていた。14日の揺れを上回る地震が発生するとは思われていなかった。そのため、16日の強い揺れは予想外であった。
　その後、気象庁は、16日が本震、14日夜以降の地震は前震と発表する。

　朝になり、外を見ると天気は快晴。大規模な土砂崩れや目立った建物の倒壊などは、一切なかった。しかし、じっくりと観察すると、いくつか屋根の瓦が壊れているのを発見。

　さすがに二回目の強い揺れで、被害が出たようだ。こんなことは初めてだった。
　そして、次に弊社事務所に移動する。建物自体は何も変化がなく、問

題ないが看板に亀裂が走っていた。2011年の起業当初に立てた看板で、思い入れがあるだけに悲しかったが、事務所に置いてあったカメラやドローンなどの撮影機材を持ち運ぶことにした。

　そこから、移動して見まわっていると、扇森稲荷神社こうとうさまの坂道にて、落石を除去しているところに遭遇。山の岩肌から見えていた柱状節理がはげて、落石したようだ。

　柱状節理（ちゅうじょうせつり）とは、岩にはしら状の割れ目が入った

ものである。今回の熊本地震後に、崩落しているものがいくつかあった。

　柱状節理は岩としては柔らかい、また、普段から、その隙間に雨や水滴などが通り、凍結した時には隙間が押し広げられる。そのため、壊れやすくなっている。
しかし、形としては、わかりやすく、地震災害時に山間部の道路を通る場合は避けるポイントとして判断しやすい。
　今回の扇森稲荷神社の参道付近では、柱状節理が4〜5本ほど崩落し、通行止めとなった。
　この道を、ふさぐほどの大きさであり、とても危険だ。岩が直撃した道路は、ひび割れていた。落石した時に、人や自動車が通っていれば、大惨事になっていた可能性がある。
　また、次なる災害が発生して避難する時に、この道路を通ろうとして逃げ遅れる人が出ないように、少しでも多くの人に知ってもらった方が良いと判断した。その後、現場を撮影し、動画を編集することにした。

第4章　本震　| 27

落石は砕かれ、トラックに載せられて運搬された。

第4章 本震

　YouTube情報開発研究所チャンネルにアップロードし、動画を公開。この時、明らかに再生回数が増えるペースが平常時よりも早かった。

　震源地に近くても全国ネットで報道されない地域でのリアルな映像。それに対する関心が高いことを感じとった。

16日夜に再び、熊本へ消防車が出動。大分県竹田市菅生国道57号線沿い。

第4章　本震　31

「ご存知ならで構わないのですが、岡城は石垣など大丈夫だったでしょうか？ 熊本城があれなので岡城が心配です」

　地震発生後から、天空の城として知られ、全国屈指の流麗な石垣を誇る「岡城（おかじょう）」を心配する知人からの問い合わせが相次いでいた。弊社の業務には直接、何も関係がないが、竹田にとって岡城が大切な存在であることを、あらためて実感する。
　この状況下で、どのように動けば良いか、再び考察する。

第 4 章 本震

5

第5章　地元目線での動画配信

　大地震の翌日。天気は良いが、人がいる気配がまったくなくて、怖い。明らかに、平常時の日曜日とは雰囲気が違う。

　今回、二度の大地震は、いずれも夜間に発生し、朝になるまで、外の状況がわからないことが特徴であった。弊社を含む被災地域の方々は、恐怖の深夜を二度過ごしていた。
　そして、甚大な被害状況ばかりが報道され続けていた。このあたりも震源地に近いため、同じようになっていると思われている。
　そこで、被災直後の危険な状況であったが、親しまれている場所を地元目線で撮影して、インターネットで公開することにした。それは技術や媒体のある弊社にしかできないことであった。最悪の事態も覚悟しながら撮影に出向く。

　まず、岡城にたどり着く。「地震による危険回避のため、本日の登城はご遠慮ください」と、書かれた貼り紙がある。そこで、駐車場から見える範囲で撮影を行った。
　見える範囲では、石垣の損壊などは一切なかった。それが確認できると、心配していた方々に、この動画を見ていただくことが楽しみになる。

YouTube 情報開発研究所チャンネル
熊本地震後 岡城址 4月17日8時頃 2016年

そして、廣瀬神社に行くことにする。

YouTube 情報開発研究所チャンネル
熊本地震後 廣瀬神社 4月17日8時頃 2016年

第5章　地元目線での動画配信 | 37

廣瀬神社に祀られている廣瀬武夫は、日露戦争時に行方不明になった部下を捜索している途中に戦死。部下を思いやる逸話で有名な軍神。
　しかし、講道館柔道にて、嘉納治五郎から称えられて殿堂入りしている伝説の強豪。私にはアスリートとしての印象も強い。また、こちらも社殿などに倒壊しているところは見られなかった。そして、廣瀬神社からは、城下町を一望することができる。

YouTube情報開発研究所チャンネル
熊本地震後 竹田城下町 4月17日8時頃 2016年

　災害時には、その一帯が見渡すことができれば、移動する上での参考になる。また、この目で、より広くの範囲を把握したかった。

　廣瀬神社から城下町を見渡す。注意深く見る。
　そして、見える範囲では、こちらもいつもと変わらず、まったく地震の被害がなかった。

　その後、廣瀬神社の階段を下りようとしていた時、災害派遣の自衛隊

のジープが2台、郵便局に駐車しようとしていた。

YouTube 情報開発研究所チャンネル
熊本地震後 竹田城下町 4月17日8時頃 2016年

　一瞬、緊張感が高まる。
　偶然とはいえ、背後には軍神の銅像があるのだ。
　自衛隊のジープとの狭間。前後から囲まれたような感覚に陥る。
　そして、この日に見た、いつもと変わらない光景と違って、今が被災直後である実感がこみ上げた。

　見慣れぬ光景に、ある種の異様さを感じたが、この日、初めて人が運転している自動車を見た瞬間。
　無人ではないという安心感があり、これからの移動も大丈夫だと思えた。
　それから、城下町の重要ポイントとも言えるJR豊後竹田駅に移動する。

第5章　地元目線での動画配信　|　39

YouTube 情報開発研究所チャンネル
熊本地震後 JR豊肥線豊後竹田駅 4月17日8時頃 2016年

お知らせには、豊後竹田駅〜熊本間の普通列車、特急は全面的に運休。
豊後竹田駅〜大分間は、本数を減らして運行することが記されていた。

　大災害発生時に、豊後竹田〜熊本間は、線路自体が寸断されることが多い。
　また、今回の地震で、竹田は停電になっていなかったが、大災害時の停電の可能性を考えると、ITが普及した現代も、こういった貼り紙の対応も有効なものと言える。
　あらゆる分野で、ITの導入、デジタル化が進んできて、アナログから

デジタルへ切り替えなければならないといった認識が、水面下で凝り固まり潜在化しているが、アナログとデジタル、どちらが正しいと端的に言えるものではない。

　また、災害時には、停電になれば電気温水器が使えないし、ガスが止まればヤカンで湯をわかすことができない。そうなると、カップラーメンすら食べられない。
　災害が発生してからでないと気づかないことは多い。非常事態が起きたら、日常と違う状態になるという自覚を持つ必要がある。理想や選り好みはわきに置いて、複数の実現可能な選択肢を用意して本質的な要件を満たしていく必要がある。

　駅から城下町への入り口となる豊岡橋が、架かった通りを見渡す。
　普段の人通りが、今日はまったくない。大分県竹田市は、九州で一番人口密度が低いが、平常時は自動車で移動する方が多く、この通りには、それなりの交通量がある。朝は、平日であれば通勤ラッシュ、日曜日な

第5章　地元目線での動画配信　｜　41

どの休日であれば、観光に訪れる方々が多数いる。

しかし、この日の朝は自動車も交通量が、とても少なく、JRの運行状況と相まって、とても閑散としているように感じた。

駅の付近で、竹田合同タクシーの名物運転手、田中さんに遭遇。

田中さんは、数十年前に観光客を乗せて案内したとき、史跡などの説明が上手くできなかったことを、心から反省した。その後、ノートいっぱいに書き込むほど、観光に関わる歴史、民俗などを勉強された。現在は、竹田市観光ガイドタクシーの代表的な人物となり、そのノートは竹田合同タクシーのホームページを製作する際、観光案内のコーナーを構築する重要な資料となった。

「おはようございます！ 乗せたお客さんはいますか？」
「まったくいないですなぁ」（田中さん）

やはり、この日の朝は出歩く人も少なく、タクシーを利用した人は、まだいなかった。

国道57号線を西に移動し、大分県西の玄関口と呼ばれる道の駅すごう

に移動した。

　災害派遣で訪れた多数の自衛隊車両が、駐車場いっぱいに停車している。

　休憩し、買い出しに訪れているようだ。

YouTube情報開発研究所チャンネル
熊本地震後 道の駅すごう 4月17日14時頃 2016年

　駐車してある車両に、第13旅団第13後方支援隊（海田市駐屯地・広島県）の名称が確認できた。また、陸上自衛隊第13旅団ホームページには下記のように記載がある。

　「第13旅団は、中国5県の防衛・警備を担任するほか、国際平和協力活動及び災害派遣など、多様な役割に迅速に対応することができるよう、一人一人がプロフェッショナルとしての自覚と誇りを持ち、訓練に励み、そしてその力を結集して地域の方々に信頼される部隊を練成しています」。平素から、災害派遣を意識した訓練を積んだ精鋭部隊のようだ。

　現在は、災害時の自衛隊派遣が当然のように行われているが、平成2年（1990）に、大分県竹田市が大水害に見舞われたときは、あらゆる災

害復旧に関する支援が手薄であるように感じた。

　これは、当時の災害時における自衛隊の派遣に関する法整備が、まだ整っていなかったことを意味する。また、災害ボランティアといった民間の動きも平成7年（1995）阪神淡路大震災以降に、全国的に高まったものだ。

　当時、停電や水道が止まり、現在のような支援もなかったことから、陸の孤島にいるような気分になったことを痛切に覚えている。しかし、近年、時代が変わり、このような災害に対する支援が良くなっていることは非常にうれしい。目の前に災害派遣で訪れた多勢の自衛官の方々がいることは、大変たのもしく感じて安心した。こわばった肩がほぐれるような感覚になりながらビデオ撮影を行う。

　いよいよ、熊本と大分の県境を越える。
　熊本県阿蘇市波野にある「道の駅波野」を目指した。距離的に近く、通常、あまり意識していないが、今回の地震の影響で「県境（けんざかい）」を、あらためて、強く意識する。そして、県境を越えて移動していくと、屋根が壊れている民家が明らかに増える。波野のガソリンスタン

ドでは、熊本ナンバーの自動車の長い行列ができていた。阿蘇の中心部での給油ができないため、探した結果、波野にたどり着いたようだ。この日、朝から求めていた多くのひとけを感じさせる行列に遭遇した瞬間であった。しかし、日常ではありえない光景に戦慄が走る。不安や緊張が増幅する。

YouTube情報開発研究所チャンネル
熊本地震後 道の駅波野 4月17日14時頃 2016年

　たどり着くと、こちらも目に見えた異常はないようだった。
　通常、神楽（かぐら）が行われている神楽苑も無事だった。道の駅波野を神楽苑と呼ぶ方も多い。神楽は、祭りや、イベントで行われる日本神話の神様にささげる歌や踊りであり、このあたりの人たちにとって大切な欠かすことができないもの。もし、その舞台が壊れるようなことがあれば、心理的なダメージも大きくなるが、その心配は杞憂であった。
　波野から、阿蘇一宮（あそいちのみや）につながる滝室坂を目指す。
　滝室坂は、平成24年（2012）の九州北部豪雨では、11か所で斜面崩壊

第5章　地元目線での動画配信　｜　45

が発生し、全面通行止めとなった。当時、災害発生直後に、滝室坂まで行ったがゾッとするぐらいひとけがなく、鈍重な静寂の中で引き返したことを、よく覚えている。

　しかし、今回は、波野までの道のりで、多数の熊本ナンバーの自動車を確認していたことから、通行できる確信があった。

YouTube情報開発研究所チャンネル
熊本地震後 滝室坂周辺 阿蘇山 熊本県阿蘇市一宮 4月17日15時頃 2016年

　問題なく目指した場所にたどり着いた。そして、気のせいかもしれないが、どことなく硫黄のようなにおいがした。
　滝室坂から周辺を見渡した範囲では、目に見えた被害はなかった。

第5章　地元目線での動画配信 | 47

　撮影した箇所での地震による被害の状況は、明らかにごく少ないものであり、映像を見た方が安心できるものであることを確信した。

■4月17日 動画の撮影場所
岡城 →廣瀬神社 →城下町 →JR豊後竹田駅 →道の駅すごう →道の駅波野 →阿蘇・滝室坂

　一方、2016年4月17日16時頃、崩落した阿蘇神社を前に、スタッフは膝から崩れ落ち、号泣していた。

「うおおおぉおおお〜おおおおうおうおう　うぉおう」（スタッフ）

　かつて、熊本で生活していたこともあり、知人も多く、気がかりな状況だったため、現地を見に行ったらしい。テレビなどの報道で、現状を知っていたものの、極度のショックを受けていた。

　今回の地震では、熊本や大分の全域が甚大な被害を受けていたように、ほかの地域の方々からは思われた面があるが、実際の被害は局地的なものであった。
　そして、震源地にほど近い大分県竹田市での被害は、ごく少ないものであった。
　しかし、距離的に阿蘇に近くて昔から交流があり、なにかしら熊本を訪れる機会があるため、阿蘇や熊本に親しみや強い愛情を持つ竹田の人は多い。

　私にいたっては、熊本独自のあり方に対して、とても尊敬の念が強い。
　また、私の家紋が、阿蘇神社の神紋と同じ、違い鷹の羽であることから、深い縁を感じていた。そして、以前、阿蘇神社の屋根に使われる銅板に、住所氏名を書いて奉納（お金を献上）する銅板奉納を行ったこと

があり、それを含めた阿蘇神社の屋根が破壊されているのは見るに堪えなかったため、行かなかった。

　阿蘇滝室坂に行った後、そのまま阿蘇神社に向かえば、偶然、スタッフと遭遇していたタイミングであった。

　月曜日となり、新しい週の平日が始まる。
　平常時であれば、一週間の業務内容を確認し、計画を立てる曜日であった。
　しかし、今は、非常事態。
　あらためて、今後、どうするのかを考えていく。

　撮影の手法として、状況確認のためにドローンで空撮することが考えられた。
　弊社は、ドローンを業務の中で活用していくために、ドローンに関する様々な事件が新聞紙面を賑わす以前から、実験を繰り返し検証してきた経緯がある。
　2015年11月に開催されたおおいたITフェアでは、検証結果の集大成となる講演を「未来を切り拓くドローンの可能性」と題して行った。そして、14講演中で動員数1位となっていた。
　2014年の災害復旧システムの講演に関しても1位だったので、2年連続の1位。
　2015年に関しては満席になり、ホルトホールの1室に人が入りきれないほどであった。

　しかし、実験などの積み重ねがあり、危険性を詳しく知るからこそ、より慎重になる。

第5章　地元目線での動画配信　｜　51

　平常時の空撮においても、事前に現場を調べ、風の流れや天候、地理条件などを元に、その可否を決める。人身事故や高額な機体の故障などを起こさず、何も犠牲にせずに空撮を行う必要がある。そして、場合によっては中止する場合もある。簡単なことではない。

　さらに、地震災害時における不確定要素を考えると、今までの実験にない状況が発生する可能がある。

　通常、国土交通省が定める飛行許可の申請が必要となる場合は、以下の3つとなる。

A) 空港の周辺
B) 150m以上の上空
C) 人口が集中している場所

　今回、どれにも該当することは考えられない。
　また、改正航空法においては、災害時に自治体から要請があった場合、飛行禁止区域において、即座にドローンの利用が可能になる。要請がない場合も、国への電話連絡により、許可の判断を、すぐに確認できるようになっているらしい。今回は、報道目的のメディア、熊本城での被害を調査する大学、復旧作業を行う企業に対して、国は電話で許可したそ

うだ。

　弊社の場合、災害時に自治体からの要請、相談は一切なかった。それは、四年前の九州北郷豪雨の災害復旧システムに関しても同様だ。
　それに、機体の損失や故障があった場合、テレビ局などの大企業にとっては些細なことかもしれないが、零細中小企業である弊社としては、大きな損害を被ることになる。

　そして、地震災害時における不確定要素から起こることは、まったくの未知数。
　予測できるトラブルは、事前に対処の方法などが考えられ、対応することが可能である。
　怖いのは、予測できなかったトラブルに対応することで、これはとても困難だ。

　この大分県竹田市や近辺の被害は微少であるにも関わらず、余震が続く中である。もし何かあった場合、軽率なドローンでのトラブルとなれば、より風評被害の助長につながることも考えられたため、地震直後のドローン空撮はとりやめた。

　あくまで、この時に行っていた撮影や編集、動画の公開は、地元目線で地震後の今までと変わらない状況を知らせ、地域を心配している方々に安心していただくために行っている。それに反するようなことになれば、本末転倒となる。
　また、弊社と契約していただいている、ある意味、一蓮托生であるお客様にとって、地域の無事を知らせることが、それぞれの経営にプラスになることを意図していた。

そして、正午頃、竹田市の城下町と、壮大な高原のある久住（くじゅう）地域の中間にある道の駅竹田に向かった。
　こちらは、地震が発生する前に、20台分の駐車場の拡張が行われて90台分の駐車が可能となり、4月2日にリニューアルオープンしたばかりであった。また、その際にドローンでの空撮をご注文していただいていた。

　平常時に、こういった大きな面積の敷地を撮影する場合には、ドローンの空撮は最適だ。
　地上からは、全容を確認できない箇所も撮影できるので、周辺環境を含めて、わかりやすい写真、動画が撮影可能になる。。

YouTube情報開発研究所チャンネル
道の駅竹田 ドローン空撮 To Aerial the Roadside Station Taketa in drone.

　たどり着くと、道の駅竹田や17日に訪れた道の駅すごうなどを運営する農村商社わかばの阿南崇事務局長に遭遇した。
　熊本県益城町出身で元道の駅竹田店長であった平田さんと同様に、この方も、一緒に農村商社の立ち上げを行わせていただいた熱い仲間であった。

54　第5章　地元目線での動画配信

阿南崇事務局長は、竹田市内に複数の産地直売所を持つ組織の責任者、マジメな性格から地域への影響を心配し続け、この地震での心労は相当なものがあるようだった。
「何か被害はありましたか？」
「特にないですよ。しかし、まぁ、揺れましたね。まいりましたよ」（事務局長）
「では、無事を知らせるために、撮影して動画をネット上で公開しても良いですか？」
「ぜひ、どうぞ！」（事務局長）

　この場を離れる時に「工藤さんは、違いますよね」と、言われる。
　なぜか、阿南事務局長は一緒に働いていた頃も、よくそうおっしゃっており、懐かしいものを感じた。

YouTube 情報開発研究所チャンネル
熊本地震後道の駅竹田4月18日12時頃2016年

　次に、道の駅竹田敷地内にある善米食堂を訪れる。

第5章　地元目線での動画配信　｜　55

おおいた豊後牛を食べるなら、ここが一番と言っても良いぐらい善米食堂の豊後牛は美味しい。

席に着き、出された水を飲むと、じわじわと心身に沁みわたり、安らぎを感じた。

竹田の水は、日本名水百選に選ばれた綺麗で、とてもおいしい水だ。そして、水が良いと野菜などの食材もすべて美味しくなる。

この店では、おいしい湧水*（ゆうすい）が自由に飲むことができる。

*湧水とは、自然の中で湧き出た水のこと。

平成二年大水害では、水道が止まった時に、近所の湧水を汲みに行った。

昔の人の生活のようであるが、貴重な水を得ることができる。災害時に、とても重要になる。

今回の地震では、熊本の一部では、地殻活動が影響したせいか、湧水が濁ったところや、枯れてしまって飲めなくなったところがあるらしい。

そのような場合に、水をどうやって得ていくのか。

日頃から、災害時に備えてペットボトルなどで水を準備する。もしくは、支援物資で充分な水が届くことが必要だと考えられる。

また、普段は水の量を意識せずに、水道を使っているが、止まってしまえば、限りがあるため、大切に使っていかなければいけない貴重なものとなる。

非常事態の渦中にいる影響だろうか。竹田市が日本一の生産量を誇る「サフラン」が入ったサフランカレーを注文した。

東京で暮らしていた頃、たまに生まれ故郷の竹田への郷愁にかられることがあった。その時と同じ気持ちで、日常の竹田を求めるように地元の名物料理を求めた。

食べ終えて会計をしようと、レジに向かうと善米食堂を運営する(株)和らびTFCの池見傑社長に遭遇する。私が経営者の先輩として尊敬している方だ。

第5章 地元目線での動画配信 | 57

サフランの花

サフランとは、スペイン料理のパエリアに見られるご飯が黄色くなる香辛料のこと。

「おお〜、大丈夫だったかい？」(和らびTFC池見社長)
「はい」
「ホテル、旅館などがキャンセルだらけらしいよ。これから、ゴールデンウイークを迎えると言うのに。どうなることか…」(和らびTFC池見社長)

「まじすか。阿蘇に関する報道により、壊滅的な状況と思われてそうですね」
「特に、くじゅうと阿蘇は、一緒にされてしまうよなぁ」（和らびTFC池見社長）
「阿蘇くじゅう国立公園ですからね」

　竹田市の久住（くじゅう）地域は、かつて、肥後熊本藩（現在の熊本県）だったこともある。県境ならではの歴史的経緯があり、阿蘇くじゅう国立公園に含まれている。関連が密接で、混同される場合もある。

　以前、ネット上にある個人のブログなどでも、阿蘇にある久住高原に行ってきました…と、書かれているものを見たことがあった。

「今、撮影してまわって動画を公開し、このあたりに問題がないことを、ネットで公開しているところです」
「おお、ぜひ、たのむよ」（和らびTFC池見社長）

　風評被害と呼び、安易にマスコミが行う報道を否定したくはない。報道としての立派な社会的役割や意味がある。しかし、それですべてが網羅されているわけではない。なにごとも万能ではなく、長所と短所が

YouTube 情報開発研究所チャンネル
熊本地震後善米食堂4月18日12時頃2016年

ある。それに、弊社のような零細IT企業からすれば、絶大な影響力がある報道機関は、雲の上の存在と感じている。
　この頃の弊社は、あらためて、この地での存在意義を確認していく作業をしていたのかもしれない。

　いよいよ、久住地域。国道442号線の上り坂を上がっていく。弊社があるあたりと比べると標高が300mほど高くなるため、違った地震の影響があることが考えられた。
　久住高原にたどり着くと、同じ日本とは思えないような壮大な景色が広がる。

　まず、ペンションきのこ2世号に向かう。きのこ2世号は、じゃらんの九重・久住・竹田・長湯（ペンション）の人気ランキングで、1位になることもある人気のペンション。

　たどり着くと、奥さんが出てきたので、撮影することを伝えて、了承していただいた。

YouTube 情報開発研究所チャンネル
熊本地震後 きのこ2世号 4月18日15時頃 2016年

　「竹田の城下町あたりと、久住は全然揺れ方が違ったらしいね。こっちは、かなり激しかった」(きのこ2世号の奥さん)

第5章　地元目線での動画配信　｜　61

「ああ、そうなんですね。しかし、こちらの建物は一切壊れたりしていないですよね。ご無事で良かったです」

　見る限り、一切問題がない。
　しかし、ゴールデンウイークを前にした大地震の影響は大きく、キャンセルが多発。

　この後に撮影した久住高原荘でも同様であった。

YouTube 情報開発研究所チャンネル
熊本地震後 久住高原荘 4月18日15時頃 2016年

　そして、この日も、目に見えた被害を確認することはなかった。

道の駅竹田→善米食堂→きのこ二世号→久住高原荘

　大災害が発生した時というのは、そのまま非常事態に突入し、非日常状態から、今までの日常を見直す時でもある。このままで、良いのかどうか。
　この日の午後、弊社としては重要な会議が予定されていた。

「どうしようかなぁ」
　近年、「起業・創業」といった言葉は、よく使われるが、それは「商売をはじめる」ことであり、それは「何らかの商品、サービスを提供する業者になる」こと。
　代金や料金をお支払いしていただくお客様に対して、責任を果たしていくことになる。
　よくある個人的に考える夢や、なりたい職業になるために「起業・創業」するということでは存続が難しい。また、私の知る限り、そういったタイプは長続きせずに失敗していることが、ほとんど。
　存続していくための売上げを上げていけるかどうか、世間様やお客様によるところが大きいが、その売上げを、まず、発生させるには、必要な物事をそろえるために投資が必要。すなわち、お金を使って準備する必要がある。いわゆる、経費を使うということ。
　サラリーマンであれば、その働き口で何か仕事をするにあたって、お金を使って準備するということは、ほぼない。会社から支払われる経費を使うこととなる。

つまり、起業家と呼ばれる自営業であれば、基本的に、その経費を自分で払う必要がある。

　そこで、業者と言うものは、そのその商品代金やサービス料金を値切られると、経費を差し引いた後の利益は減る。経費が、お支払いしていただく代金や料金を上回った場合に、赤字になる。
　しかし、将来的な可能性や、何らかの意義がある時には赤字覚悟で、その仕事をする場合がある。
　この日に予定されていた会議は、将来的な可能性を考慮して推進していたが、利益が出なくなっていた案件の会議であり、この月からの契約に関するものであった。
　率直に言って気が重かった。

　しかし、この非常事態下では、平常時のことも見据えながら、動き続ける必要がある。
　この日は、まず、落石による通行止めが解除された商売繁盛の神様として知られている扇森稲荷神社こうとうさまに向かった。

　九州三大稲荷神社であり、正月三が日には、10万人の参拝者が訪れる。
　言わば、正月には地元に住む方々や、帰省した方々が訪れる魂のよりどころ。
　それが、壊れたとなると、精神的なダメージは大きい。
　今回の地震では、阿蘇神社が激しく倒壊していることから、その不安は増した。
　阿蘇では、のきなみ、灯篭が倒れている神社もある。それを考えると、境内に祀られている狐や灯篭、鳥居などが倒壊しているおそれもあった。

YouTube 情報開発研究所チャンネル
熊本地震後 扇森稲荷神社 こうとうさま 4月19日10時頃 2016年

　稲荷神社では、拝殿の左右にあるのは狛犬ではなく、狐がわきを固めている。
　一つは、丸い玉のような形をした神の御霊（みたま）をくわえている狐。

66　第5章　地元目線での動画配信

もう一つは、巻物の形をした神との誓約状をくわえた狐。

よく稲荷神社は、狐を神様として祀られていると誤解されているが、あくまで、狐は神の使いである高級霊であることを表している。

狐や灯篭など、すべてが無事であり、神社の境内は、すがすがしく心が安らいだ。

それから、ランチには高校時代の同級生の松竹祐介氏が営むBistro & Cucina Champi（ビストロ&クッチーナ シャンピ）がある竹田城下町に向かう。

　フランスで腕を磨き、風情溢れる城下町で絶品料理を振る舞う。
　城下町とフレンチイタリアンは、どことなく相性が良い。
　今回、地震が発生した直後に、彼は料理の腕を活かして、いち早く益城町に炊き出しに行っていた。
　現地に実際に行った人の感想を聞いてみたい気持ちもあった。

「炊き出しに行ったんよね。現地は、どうだった？」
「実際に行くと、すごい状況やったよ。断層の上と下、どちらにあるかで、被害が全然違ったり」（松竹祐介氏）
「阿蘇の滝室坂まで行ったけど、それでも普段とは、ずいぶん雰囲気が違ったなぁ」
「今は、慎重に行動した方が良いね」（松竹祐介氏）

　とんでもない状況になったなぁと思いながら、いつものパスタランチをたのんだ。

YouTube 情報開発研究所チャンネル
熊本地震後 シャンピ 4月19日12時頃 2016年

　私が起業して二年ほどたってから、彼は起業した。頭脳明晰であり、誠実に取り組んでいたが、簡単なことではない。同じ起業家となり、苦しい中で気持ちがわかりあえる面があった。
　実際においしいのだが、ちょっとした励ましの意味を込めて「超絶美味」と書いて、写真を撮り、いつもFacebookに投稿する。どうして、そんなことをするんだと聞かれ、人の役に立つ練習をしていると答えたことがあった。
　商売は、役に立つもの、必要なものが生き残る。
　この日も、地震の影響により、さらに厳しい経営環境に陥った同級生へのエールを込めて、映像を撮影した。

　そして、午後になり、朝から気にしていた案件の会議に出席し、契約を断った。
　長い間、可能性があると思い、理想と実現可能な範囲で試行錯誤を重ねたが、経営を圧迫し続ける仕事は、民間の零細企業としては、そう長

くはできない。

　また、今は災害に関連する対応もある。

　大災害は一つの契機となる。弊社として、大きく経営の方向転換することを覚悟した。もう後戻りは、できない。自営業だから、当然、何も保証はない。

　その後、竹田市内にある日本一の炭酸泉「長湯温泉」に向かった。

YouTube 情報開発研究所チャンネル
熊本地震後 長湯温泉街 4月19日14時頃 2016年

　地震による地殻活動の影響から、湧き出る温泉の量が減ったり、濁るような変化は一切生じていなかった。しかし、長湯温泉における旅館での宿泊予約のキャンセル数は、のべ数千人程度の規模で発生していた。そこで、長湯温泉街を撮影し始めるが、やはり、ひとけがない。

　100年近い歴史のある老舗、大丸旅館に向かう。与謝野晶子・鉄幹や徳富蘇峰ら多くの文化人や著名人に愛用されてきただけに、いるだけで頭が良くなるような雰囲気や、文化的遺物がある。

YouTube 情報開発研究所チャンネル
熊本地震後 長湯温泉街 4月19日15時頃 2016年

こちらも、特に異常はないようだった。
外に出ると、良く晴れた空の下、芹川で鯉のぼりが泳いでいる。

第5章 地元目線での動画配信 | 71

YouTube 情報開発研究所チャンネル
熊本地震後長湯温泉芹川ガニ湯4月19日15時頃2016年

　昨年と何も変わらない光景であった。
　長湯温泉は、古くから湯治場として知られ、療養としての温泉がある。その癒やす力は、はかりしれない。独特の濃厚で良質なお湯は、通に好まれ、本物の泉質と呼ばれる。地震の影響により、それが損なわれることはなかった。
　私が訪れた日の翌日となる4月20日から30日までの間は、熊本地震の被災者を対象に、温泉施設での立ち入り入浴が無料となり、多くの被災者の身も心も癒やす重要な役割を果たした。
　大災害が発生した後、その地域にあるものは、いろいろな形で効果を発揮する。
　被害者意識に埋もれるのではなく、安全面に配慮した上で効果を発揮させる強い意志が必要だ。
　長湯温泉の名物である芹川沿いにあるガニ湯も変わりはなく、おんせん県おおいたの旗がはためいていた。
　昭和9年に、文豪・大仏（おさらぎ）次郎氏が炭酸泉に入り「ラムネの

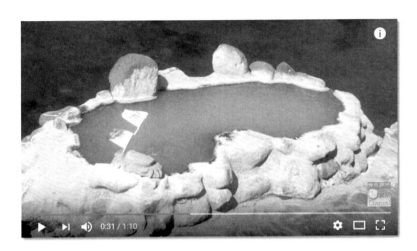

YouTube 情報開発研究所チャンネル
熊本地震後ラムネ温泉4月19日15時頃2016年

湯」と称した「ラムネ温泉」全国ネットのテレビ番組などで幾度となく紹介されており、とても有名だ。

　また、数多くの炭酸泉の温泉施設がある長湯温泉の中でも、ラムネ温泉館のお湯は目に見えて泡立ちが良い。平常時は人気があり、たくさんの方がラムネ温泉に入りに来る。

入り口には、「体を洗わず、心を洗う」と書いてある。リラックスできて心身を癒やす「薬湯施設」として優れている。その施設としての性質からか、大浴場にはシャンプーやボディソープは備え付けられていない。

館長に挨拶し、建物の中を撮影し始めた。
そうすると、目の前に現れた猫が、ゆっくりと・・伸び。

ペロッと舌を出した。

かなりリラックスしている。そのぐらい人が来ていないとも言えた。
この日は、ラムネ温泉館を最後に、長湯温泉を後にした。

長湯温泉は、大地震発生後に平常時とは明らかに違う雰囲気になっていたが、何も問題が無いことがわかった。

扇森稲荷神社こうとうさま→ Bistro & Cucina Champi（シャンピ）→ 長湯温泉街→ 大丸旅館→芹川・ガニ湯→ ラムネ温泉館

　これから、どうするのか・・・非常に頭が痛かった。

　災害に被災した時、基本的に時間がたってから、被害を実感する。
　それは、時間に比例して、今までの日常で可能だったことができなくなっていることに気づいたり、不便さを感じることがあるからだ。
　そして、被災地は報道などがなくなり、世間から忘れ去られようとしていく頃から、しんどくなっていく。
　それが直接的な被害を受けていない地域も同じで、状況的に、日常の生活と違ったことを強いられる時に、同じようにきつくなる。
　しかし、同じ被災地にいても、被害を実感する状況にならない場合もあり、それでは被災したという実感が薄い。
　経済的な風評被害に関しては、職種によっては、何も起きなかったかのように日常に戻っていくだろう。

弊社のような民間の零細企業で、複数のお客様との契約関係の中で、売上げが発生していると、経済的な風評被害を実感するような状況には陥る可能性が高い。
　ある意味、一蓮托生なのだ。
　だから、弊社はどんなことがあっても、お客様の味方であろうと、常日頃から思っている。
　そして、そういった弊社にご注文していただくお客様がいらっしゃるからこそ、弊社は成り立っている。
　しかし、以前から評価されている弊社独特の発想力や、創造性を最大限に活かした内容、企画などを表現するホームページ、いわゆる「独自メディア」に取り組んでみたいという気持ちがあった。
　種類を問わず、作る仕事をやっている人にとっては、常に気持ちのどこかにあるものだ。

　どこまでも、限りない地平線を思い切り、駆け抜けていく。
　そんなことが、やってみたい。
　しかし、ビジネスとして成り立たないものは、続けていけない。
　むしろ、借金、負債を増やす可能性がある。
　もともと、過疎高齢化により経済的な衰退が進んでおり、
　今回の大災害により、今後、起こり得る風評被害が考えられる。
　いずれにせよ、もう、後（あと）がない。

　私は、2010年に東京からUターンしたが、生まれ故郷にも関わらず、どこにも居場所が無かった。
　同級生の大半は、高校卒業と同時に進学や就職のため、ほぼ9割が地元を出て行ったまま、戻ることはない。過疎や高齢化が原因で、地域経済が衰退しているために仕事がない。
　その中でも、都会と違って大卒向けの求人、総合職に相当する仕事は

まったくない。
　一般的に転職する場合に、それまでの職歴や専門性から職種を選び、応募する企業を選ぶが、職種の選択肢も、ごく少ない。

　Uターンした後、高校時代の恩師に「勉強して良い成績をとって、良い大学に入っても、ほとんどが戻って来ることができない。外に送り出しているだけじゃないか」と、指摘したことがある。
　私のようなラグビー部で部活動に明け暮れ、バンドで音楽活動に没頭していた劣等生が言うには、ふさわしくない発言だったかもしれない。しかし、私のような形でUターンしていた人間は珍しいため、ほかに指摘する人間もいない。何のための受験進学校であったか、すごく疑問があった。現在は、毎年、定員割れを続けている。
　恩師が一人で招いた状況ではない。日本としての大きな社会の流れのことで生じたことだ。明確な返事はなかった。責めるつもりもなかった。恩師も、現在、生徒数が減っていることに困っている。人がいないというのは、大変な問題だと。
「では、弊社が発展して、貧しい中で都会のような給料を払えなくても、雇用を一人でも多く増やしていくことを目指していきますよ」
「おお、おまえ、すごいなぁ」
　ほめられても、うれしくなかった。劣等生としての引け目もあり、逆に申し訳なく感じた。

　その時のことを思い返しながら、今、このままで終わりたくはないと考えていた。
　地域が衰退しているから、Uターンしても仕事が無く、戻れないことは、地元の人間として当然のように理解していることでもあった。
　そこに自殺する覚悟でUターンし、いろんな方から必要とされていることを、東京で培（つちか）ってきた自分にできることで応えていった。

そうしながら、導かれるように起業するに至った経緯がある。
　私自身がUターンするにあたって望んでいたことは、一個人の力では簡単にどうにもできない、生まれ故郷の厳しい現実に、何もできなくても実際に向き合い体感することであった。それは今、実現できている。

　Uターンしてからの1年後に、内閣府の認定プロジェクト「農村六起」に応募し、ふるさと起業家としての認定を受けるために、東京でプレゼンを行った。
　私自身にとっては「戻ろうとしても戻れない」現状を、Uターンした上での実感をふまえて伝えることが最重要であった。
　プレゼンに関しては、Uターンした後に多数の講演、講習会等を行ってきたから、上達した面がある。しかし、以前は、ITのエンジニアでコンピューターに向かい、場合によっては、丸一日、作業漬けとなり、ほとんど会話が無いまま過ごすような社会人生活を、何年も続けていた。
　当然、人前で話をすることが上手くなかったので、この時に認定されるとは、まったく思っていなかった。
　ただ、死ぬ覚悟で身を挺してやってきたことの実感に関してだけは、自信があった。

　現状、これから、どうしていくのか。
　企業として歩みを進めてきた。生き残るには、状況、ニーズ（需要）に適応していく必要がある。日頃から、社会やお客様にとって必要なこと、役に立つことをしようとしてきた。だからこそ、起業しても、ほとんどが1、2年でつぶれる地域で、この5年間もの期間に続けることができた自負がある。
　都会で起業した友人から「よくつぶれずに、生きてるよなぁ。すごいよ」と言われることがある。都会で起業したとしても続けていくのは難しい。5年たつと、85％の企業が倒産する。この日、あと3日たつと設立

登記を行った4月22日になり、5周年になることを意識していた。6年目に入っていくことになる。

　地震が発生してからの電話やメール、ネット上でのコメントなどの連絡に岡城や地域を心配しているものがあった。その中でも、岡城は石垣に対する心配が多かった。

　ふと、気づく。もしかすると、これがニーズかもしれない。

　そして、災害が発生した後に、観光・宿泊客が激減にすることによる地域経済への大打撃を、少しでも緩和できる可能性がある。しかし、ただ、無事を知らせたところで、ビジネスにも何もならない。

　あくまで、経済活動の一環として行わなければ、食っていけない。弊社も、つぶれる。

　よくIT業界ではマネタイズ（ネット上で提供するサービスから収益をあげる）を、どうするかという話が出てくる。

　弊社では、昨年の2015年の11月に、YouTube情報開発研究所チャンネルを立ち上げた。

　いわゆる、YouTuber（ユーチューバー）を個人ではなく、一企業でやったらどうなるかという興味があった。

　そして、YouTubeチャンネルを開設する以前から、準備として何百本もの動画を製作し、ネット上では、どのような動画がベストなのかと探っていた。

　東京に住んでいた頃、テレビ番組や映画製作に携わっている友人が数多くいた。映像部門がある会社で働いていた時期もあり、同僚や先輩からの話を、いつも興味本位で聞いていたことが役に立っていた。

　しかし、ネット上に公開する動画を大量に製作するうちに、テレビ番組や映画製作と同じようにやったらダメで、別のノウハウが必要なこと

にも気づいていた。

　そこで、岡城や、阿蘇、久住高原、長湯温泉に関するYouTubeチャンネルを立ち上げようと考えた。
　しかし、それだけでは、足りない。YouTubeの収益は、100万回の再生があって、売上げは10万円程度と言われている。実験段階では、再生回数が多い動画でも、千回程度にしかなっていなかった。つまり、100円程度の売上げ。

　そこで、将来的にスポンサーを募ることも見据え、ホームページ内に広告掲載を行うことにした。初期段階としては、AdSense広告（サイト運営者向けの広告配信サービス）を導入。
　内容としては、この地域に根ざして住む人間だから、あまり知られていないことも掘り起こせるし、ネタには困らない。コンテンツは豊富にある。
　また、一年以上前から実験していたドローンでの空撮や360度映像などの先端技術を駆使した新時代のホームページ製作を、具現化することを目指すことにした。

　閉鎖的な地域では、変わったことをすると批判され、妨害工作のようなことをされる場合がある。特に地元の人間にとっては、地縁の中では独特の息苦しさがあり、どこか制限され続ける。
　あらゆる面で追い込まれ、窮地に対する反動もあった。
　そこで、表現者として自由に創造することを選んだ。

6

第6章　独自メディア開設に向けて

「じゃあ、岡城.comをやりましょう」
「ひゃっほ〜、いよいよ踏み切りますね。そういうの好きだぁ」(スタッフ)
　行き詰まった状況の中で、スタッフは、ずっと不安だった。また、彼自身、創造性に優れており、以前から独自メディアを作ることを楽しみしていた。ある意味、こんなのがあったらいいなぁと、自身が望むようなサイトを、自分で作ることができる。

　4月20日(水)0時52分、日付が変わった頃、天空の豊後竹田「岡城.com」の製作を決定。
　岡城.comの開設後には、阿蘇や久住高原、長湯温泉に関するサイトを立ち上げることにした。
　そして、弊社と契約しているお客様のホームページでは、「地震の影響はありません」等の今回の地震に即した更新を、随時、行う。

　それから、岡城に関する写真や映像、資料などを集め、平素から培ってきたIT技術を駆使して本格的な岡城.comの製作を開始。昼夜を徹して、ぶっ続けで製作作業に没頭した。

　睡眠不足の中で、直接のお客様ではないが気になっていた久住高原の大御所施設である花公園やレゾネイト、ガンジー牧場などを撮影。

YouTube 情報開発研究所チャンネル
熊本地震後 久住高原 4月20日14時頃 2016年

　今回の地震では強い揺れを観測した竹田市の荻（おぎ）地域に向かう。

YouTube 情報開発研究所チャンネル
熊本地震後 荻の里温泉 4月20日15時頃 2016年

　荻の里温泉では、被災者向けに料金が半額程度になっていた。
　今回の災害では、震源地に近い地域で、このような措置がいろいろなところで行われていた。
　もし、この本を読まれている方が被災された場合、なかなか余裕がないと思うが、お得な措置が近くで取られている場合もあるので、被災後には注意を払っていただきたい。

　熊本方面への運行が停止されていることから、駅には誰もいなかった。
　災害時には、日常的に利用している交通手段が使えなくなる可能性がある。生活に必要なものなどを確保していくことを考えると、新たな選択肢が必要となる。
　都市部では、電車は便利で重要な交通手段だ。そして、もしもの場合のために、自動車を確保するのは、駐車場代やその他経費を考慮しても、なかなか容易なことではない。
　場合によっては、電車や自動車ほどの距離は移動できないが、ガソリ

YouTube 情報開発研究所チャンネル
熊本地震後 JR豊肥線豊後荻駅 4月20日16時頃 2016年

ンなどの燃料の必要がない自転車が活躍することも考えられる。また、道路自体が日常のようには通れなくなっている可能性もあり、移動するにあたって、細心の注意が必要となってくる。

　災害時に、交通手段がなくなる不便さは、日常では想像しがたいものがあるが、移動時には落ち着いた配慮を心がけてほしい。一つの手段が

第6章　独自メディア開設に向けて　｜　85

ダメだからと言って、落胆することも好ましくはない。不確定な要素が強い状況では、覚悟が結果を左右する面がある。

　東日本大震災の時は、長期的な停電が発生したため、インターネットを活用し、検索する人が少なかったが、今回は被災地で使える状況だった。
　地震発生後に、避難先や安全な場所、実際に通れた道を調べることができた。また、インターネットを通じて、無事を知らせることができた。インターネットを活用することは、その後の行動に良い影響を及ぼす。
　しかし、デマなどの怪情報は、しっかりとしたソース（情報源）があるかないか、そのことを書く方の感情の乱れはないかを確かめるべきだ。年齢で区別するのは良くないし、悪意はないかもしれないが、若い年齢の方ほどデマを拡散してしまっている傾向がある。
　それらを、冷静に見極める必要がある。

　映像に関しては、ありのままを映す客観的な事実。今回、弊社が公開し続けた動画は、それぞれが通常の10倍から20倍の再生回数となり、それらの動画を見て、安心する方が一人でも多くなることを願った。
　こうして、実際に足を運び、被害がごく少ないことを確認し、今後、地域全体をPRしていけることを確信した。

久住高原 → 荻の里温泉 → 豊後荻駅

第7章　天空の豊後竹田「岡城.com」オープン

　2011年4月22日に、株式会社として「情報開発研究所」を設立登記した。この日で、5周年。6年目に突入することになった。
　弊社は、2010年に申請した個人事業としての屋号「情報開発研究所」が前身となる。

　日本一にもなったことがある極度の少子過疎高齢化が進んだ地域は、情報の過疎地域であり、ITの力が必要ではないか？という仮説を元に「情報開発研究所」という名称を定めた。日本の30年、40年の先を行く高齢化が進み、経済的な衰退が進んだ地域で得ていくノウハウや、経験というものは、これから高度情報化や高齢化が進む日本では、間違いなく役に立っていく。

　そして、裏を返すと、それが必要とされないのなら、やめようと思っていた。
　よく何かをやるにあたって、夢や思いが大切と言う話が出るが、誤解をおそれずに言うと、そんなことは限られた範囲でしか成り立たない。一時的に行うボランティアや趣味のレベルであれば、可能かもしれないが、必要とするお客様がいてこそ、商売として成立し継続が可能となる。
　さらに、利益を出して発展していくとなると、今のような失われた20年と言う不況が続いて貧困化が進んだ日本では、難しい。
　利益のみを追求していくのは確かに悪い側面はあるが、そもそも、起業

直後は様々な諸経費の支払いなどにより、お金を使うばかりで、到底、そこにたどり着かないし、投資した額を回収するのも容易なことではない。

　景気が良かった時代に「お金もうけは良くない」と、利益至上主義を抑制するような風潮があったが、今のような長期の不況が続き、低価格化が進んだ時代では、そもそも、利益を出すこと自体が難しい。

　商売自体がさげすまれている場合もある。起業して以来、経済が低成長を続ける時代では、消費者側にも理解が、もっとあって良いと感じている。そうでないと、場合によっては良い商売までダメにしている可能性がある。

　ご相談に来た方に「それでは、その件に関しては、これから見積を出させていただくので」と伝えると、えっ、お金を払わなきゃいけない？という反応をされたことが何度かある。

　極度に経済的な衰退が進んだ地域では、公共事業や公的機関の存在が目立ち、同じようなものだと思われていることがある。弊社に公務員の方と同じように、税金で毎月の給料が支払われることは一切ない。何の保証もない。

　また、本来であれば、そうやって相談を受けている時も、人件費や家賃、電気代、その他の経費がかかった上で、弊社は存在している。相談料は請求していないので、すべての経費は弊社が負担している。そこで、これから行う仕事の費用まで、請求できないとなると、商売は成立しない。

　端的に、ITというものの意義が理解されておらず、嫌悪されている場合もある。

　その難しい状況下で、間違いなかったこととは、お客様や世間様にとって役に立つこと、必要なことをしていくことである。言うのは簡単だが、難しい。地道な積み重ねや継続することが必要となってくる。

　5周年を記念する御祝い事らしいことは特にしなかったが、岡城.com

をオープンできれば、最大のはなむけとなる。
　製作作業は、破竹の勢いで進んだ。地震が発生して1週間がたち、疲労もピークであったが、楽しくて仕方がなかった。以前から知っていることが題材だから、下調べもほとんどいらない。地震後の写真や動画を中心に製作を進めながらも、より魅力を伝えるために、地震前に撮影した桜まつりなどもコンテンツとして盛り込んだ。

4月22日（金）20時27分、岡城.comを正式にオープンした。

◆岡城.com　http://okajou.com/

岡城.comオープン後に、いただいた感想。

「石垣の崩落もなく石碑の倒壊もないようで一安心です。早く安心して登城できると良いですね」
「今年も9月に長湯温泉に宿泊します。毎回、但馬屋さん（岡城の城下町にある和菓子屋）で荒城（こうじょう）の月や三笠野の和菓子を、お土産に購入するのを楽しみにしています」、「私は竹田を出て53年になりますが、こうして故郷の動画を見ることができて感謝しています。いつまでたっても故郷竹田を忘れません」、「無事で何よりです」、「大災害の中、とてもほっとする情報」などの多くの反響をいただいた。

第8章　エリアサイト開設

5月4日に、エリアサイトを開設した。

世界一のカルデラ、世界ジオパークである「阿蘇」
阿蘇熊本Japan　http://aso-kumamoto.jp/

ニュージーランドやハワイなどの海外有名観光地のようだと形容される「久住高原」
◆久住高原Japan（http://kuju-kogen.jp/）

日本随一の泉質を誇る炭酸泉「長湯温泉」
長湯温泉 Japan (http://nagayu-onsen.jp/)

　阿蘇熊本Japanは、5月18日に阿蘇大観峰をドローンで空撮した動画が、大好評を博す。

　そして、人が多い時などに、道の駅阿蘇にある大画面にて上映されることになった。

　5月26日に、道の駅阿蘇でドローンでの空撮や取材を行った。そして、道の駅阿蘇のブログでは、「大分・竹田のみならず、熊本・阿蘇を愛してくださっていることがひしひしと伝わって来ました」と、弊社のことが紹介された。

　現在も、例を見ない形で製作された岡城.comや、各エリアサイトは更

新し続けている。

今回の弊社の取り組みは、大分合同新聞、gooニュース、朝日新聞、レバテック社「世界のフリーランス」、ソフトバンクグループのSBクリエイティブ「ビジネス+IT」などから多数の報道をしていただいた。

長湯温泉Japanに関しては、世界的なブームを巻き起こしている「ポケモンGO」に関するマップを掲載し、その取り組みが地域のニュースが掲載される欄ではなく、政治・経済欄で報道された。

公開しているドローン空撮動画には、アメリカ、ロシア、中国などの海外からのアクセスがある。

今後、国際的な意味で、より世界を意識していく可能性がある。
「この世界の未来の可能性を得る創造」という弊社のキャッチコピーが持つ意味合いも変わりつつある。
熊本地震を契機に、新たな局面を迎えることになった。

色んなことが不確かな時代には、対象となるものを熟知し、何かしら行動を起こして、根拠を得て、より確実にしていく必要がある。

　上手くいかないことだらけだが、自らの意思を持ち、自助努力を行う。
　誰のせいにも、できない。
　不確かな時代には、より自由に創造できる可能性がある。

　読んだ方にとって、より良く生きていくために、本著が何かの参考になれば幸いである。

　心からの感謝を、お伝えしたい。
　ありがとうございました。

著者紹介

工藤 英幸（くどう ひでゆき）

大分県竹田市出身。東京の企業でプログラマーとして勤務、その後、フリーランスのSEとして多数のプロジェクト、現場を経験し、早稲田塾情報部門の責任者になる。そして、Yahoo! japan value insightにてプロジェクトマネージャー。
2010年1月に東京から大分県竹田市にUターンし地域の活動や、企業・団体のホームページ(Webサイト)製作、講習会、動画製作等を実施。
2011年2月 内閣府認定プロジェクト「農村六起」にてふるさと起業家として認定。
2011年4月 一個人で株式会社情報開発研究所を設立登記して事業開始。
http://jouhou-kaihatsu.jp/
2012年7月 九州北部豪雨被災後に竹田市での災害ボランティアセンターを支援するシステムを開発し復旧活動を支援。
2014年8月 おおいたITフェア講演の部で、16講演中動員数1位。演題：～ITで大災害と向き合う～2012九州北部豪雨「経験したことが無い雨」非常事態の中で開発した災害復旧システム
2015年11月 おおいたITフェア講演の部で、2年連続動員数1位。2連覇達成。演題：未来を切り拓くドローンの可能性

◎本書スタッフ
アートディレクター/表紙フォーマット設計：岡田 章志＋GY
表紙デザイン：BRIDGE KUMAMOTO ― 松本ジーン（冨山事務所）
編集：宇津 宏
デジタル編集：栗原 翔

《BRIDGE KUMAMOTO》
平成28年熊本地震をきっかけに生まれた、「熊本の創造的な復興の架け橋となること」を目標とした、熊本県内外のクリエイターおよび支援者の団体です。
クリエイティブ制作、イベント企画、商品開発など、クリエイターや企業の様々な共創を生むことで、外部の支援だけに頼らない自立した復興プラン作りを行っています。http://bridgekumamoto.com/
本書の表紙はBRIDGE KUMAMOTOの活動に賛同した、熊本在住の若手グラフィックデザイナーが制作しました。

●本書の内容についてのお問い合わせ先
株式会社インプレスR&D　メール窓口
np-info@impress.co.jp
件名に『本書名』問い合わせ係」と明記してお送りください。
電話やFAX、郵便でのご質問にはお答えできません。返信までには、しばらくお時間をいただく場合があります。なお、本書の範囲を超えるご質問にはお答えしかねますので、あらかじめご了承ください。
また、本書の内容についてはNextPublishingオフィシャルWebサイトにて情報を公開しております。
http://nextpublishing.jp/

●落丁・乱丁本はお手数ですが、インプレスカスタマーセンターまでお送りください。送料弊社負担
にてお取り替えさせていただきます。但し、古書店で購入されたものについてはお取り替えできません。

■読者の窓口
インプレスカスタマーセンター
〒101-0051
東京都千代田区神田神保町一丁目105番地
TEL 03-6837-5016 ／ FAX 03-6837-5023
info@impress.co.jp

■書店／販売店のご注文窓口
株式会社インプレス受注センター
TEL 048-449-8040 ／ FAX 048-449-8041

震災ドキュメント
熊本地震　情報発信のメディアサイトで何を伝えたか

2016年10月28日　初版発行 Ver.1.0（PDF版）

著　者　　工藤　英幸
編集人　　桜井　徹
発行人　　井芹　昌信
発　行　　株式会社インプレスR&D
　　　　　〒101-0051　東京都千代田区神田神保町一丁目105番地
　　　　　http://nextpublishing.jp
発　売　　株式会社インプレス
　　　　　〒101-0051　東京都千代田区神田神保町一丁目105番地

●本書は著作権法上の保護を受けています。本書の一部あるいは全部について株式会社インプレスR&Dから文書による許諾を得ずに、いかなる方法においても無断で複写、複製することは禁じられています。

©2016 Kudo Hideyuki. All rights reserved.

印刷・製本　京葉流通倉庫株式会社
Printed in Japan
ISBN978-4-8443-9730-4

●本書はNextPublishingメソッドによって発行されています。
NextPublishingメソッドは株式会社インプレスR&Dが開発した、電子書籍と印刷書籍を同時発行できるデジタルファースト型の新出版方式です。http://nextpublishing.jp/